带着科学去旅行

中国少年儿童百科全书

神奇动物

梦学堂 编

北京日报出版社

前言

孩子喜欢读什么书呢？这是每个家长都会问的问题。一本好看的童书一定是既新颖有趣又色彩丰富，尤其是儿童科普类图书。本套图书根据网络图书平台大数据，筛选了近五年来最热门的科普主题，包括动物、鸟类、昆虫、花草、树木、海洋、人的身体、天气、地球和宇宙十大高价值主题。

孩子的想象力既丰富又奇特，他们每天都会提出五花八门、千奇百怪的问题，很多问题连家长也难以解答。这时候就需要一套内容丰富、生动有趣，同时能够解答孩子疑惑的科普读物来帮忙。

本套图书采用全新的版式来编排，精美大气的高清彩图配上通俗易懂的文字，既生动亲切又新颖有趣。

　　为了让孩子尽可能地理解、记住抽象深奥的动物知识，本书精心设置了"动物小名片"板块，将书中最核心的知识归纳总结在上面，相当于老师在课堂上把重点内容写在小黑板上。孩子只要记住了"动物小名片"里面的知识，就能记住整本书的核心知识。

　　此外，我们还设计了"科学探险队""你知道吗？""没想到吧！""小秘密！"等丰富有趣的板块，让孩子开心地跟随书中的小主人公一起去探索神奇的动物世界。

　　衷心期待本书能在孩子心中播下科学的种子，让孩子健康快乐地成长。

科学探险队

米小乐

不太爱学习的男孩，调皮、贪玩，对各种动物，尤其是海洋动物和昆虫感兴趣，好奇心强。

菲菲

对科学很感兴趣的女孩，学习认真，喜欢各种植物，特别是花草。

袋袋熊

贪吃，憨态可掬，喜欢问问题，特别是关于鸟类和其他小动物的问题。

米小乐：菲菲，咱们这次科学探险，要前往什么地方？

菲　菲：这次咱们要到世界各地美丽的森林中去，采访那里的动物居民们，还要到寒冷的北极，因为那里也有动物生存。

袋袋熊：哇，是不是要去澳大利亚采访树袋熊？

菲　菲：对，树袋熊只是我们的一个小目标，还有其他很多动物呢！

米小乐：哈哈，我很期待这次科学探险，出发！

本书的阅读方式

每种陆地动物都有与众不同的生活，它们用第一人称"我"向大家介绍自己。

用第一人称讲述陆地动物的生活习性、爱好和生存环境。

"科学探险队"与陆地动物们亲密接触，在第一现场为大家讲解它们的神奇生活。

獾

我是爱干净的獾（huān），又叫狗獾，还有一个绰号"獾八狗子"。我的体形圆滚，毛色黑棕白混杂，十分可爱，体重10~12千克，体长45~55厘米。我的爪子细长尖利，擅长挖洞，而且喜欢群居，冬天我会冬眠。

动物小名片

哺乳纲—食肉目—鼬科
栖息地：丛林、荒山、溪流、湖泊、山坡、丘陵等灌木丛
食物：蚯蚓、昆虫、甲虫、蛙类、鼠类等
本领：挖洞、嗅觉灵敏
生存现状：无危

獾有什么生活习性？

獾：我们獾家族共有5种，分别是狗獾、猪獾、狼獾、蜜獾、鼬獾。我们喜欢群居，而且冬天会冬眠，通常从11月份开始冬眠，到来年3月份出洞。我们一般晚上出来捕食，一直到第二天凌晨4点左右才回洞休息。

我们还有一个习性——爱干净。我们在入洞前会把脚撑干净，在睡觉前和醒来都要洗一洗。冬眠醒来后，我们要做的第一件事就是整理洞穴，把以前铺的草叶扔掉，换上新鲜的青苔或草叶。我们从来不在居住的洞穴里大小便。我们有自己的专用厕所，就在洞口附近，而且不止一个。

獾的视觉很差，嗅觉却很灵敏，这一点儿都不影响它们晚上出去捕食。

猪獾和狗獾有什么区别？

獾：猪獾大小和狗獾差不多，二者之间最大的区别就是鼻子，狗獾的鼻子像狗鼻子，而猪獾的鼻子像猪鼻子。猪獾的体形比狗獾稍大一些，体重在10千克以上，体长65~70厘米，全身浅棕色或黑棕色，也混杂着白色。

二者的生活习性类似，住岩洞或挖洞而居，性情凶猛。但猪獾叫声似猪，食性很杂，喜欢吃小动物，像蚯蚓、青蛙、泥鳅、黄鳝、鼠类等，也吃植物，有时偷吃人类的农作物，像玉米、小麦等。另外，猪獾和狗獾一样会冬眠。

真奇妙！

蜜獾喜欢吃蜂蜜，常和导蜜鸟分工合作，导蜜鸟负责寻找蜂蜜，然后通知蜜獾，蜜獾跟着导蜜鸟来到蜂蜜所在地，它爬上树把蜂巢破开，享用蜂蜜，等它吃饱后，导蜜鸟再来享用。

"动物小名片"总结了每种陆地动物所属的门类、栖息地、食物、本领，以及它们现在的生存状况，提醒大家注意保护它们。

"真奇妙！"等小板块进一步介绍动物的各种冷知识、小秘密，以及怎样保护它们。

第一人称介绍陆地动物的各种有趣知识和超凡的本领。

目录

狮子

我是草原之王，雄壮而凶猛的狮子。我们家族主要生活在非洲，当然亚洲也有我们的族群。我们和人类一样群居生活，目前处于母系氏族社会。我们的家庭成员主要由狮爸（1~2只，其中一只是头领）、狮妈（4~12只）和小狮子组成。其中狮妈们负责捕猎，狮爸们负责巡视领地，保护家庭成员。

动物小名片

哺乳纲—食肉目—猫科

栖息地：非洲、亚洲的草原和树林

食物：野牛、羚羊、斑马、长颈鹿、河马等

本领：奔跑、攀爬、跳跃、撕咬、吼叫，视、听、嗅觉发达

生存现状：非洲狮易危，亚洲狮濒危

为什么雄狮和雌狮差别那么大？

狮子：我们是世界上唯一一种雌雄两态的猫科动物。

雄狮有帅气浓密的鬃毛，雌狮没有。我们还拥有猫科动物中最大的头骨和肩高，雄狮体形普遍大于雌狮。雄狮体长可达 260 厘米，体重在 180 ~ 250 千克，雌狮体重一般只有雄狮的 2/3。

据科学家研究，狮子的祖先起源于大约 12 万年以前的非洲东部和南部，大约 2 万年前，它们的祖先才开始走出非洲，最远抵达南亚印度等地。

狮子是怎么来划分领地的？

狮子：我们是通过咆哮和尿液气味来划分领地的。

每天晚上狩猎前和天亮醒来开始活动前，我们都要咆哮一番，还会将尿液排在灌木丛、树丛或地上，也会在经常行走的路上留下这些刺激性气味，以此来宣示我们的领地范围。

有时，我们也会将便便涂在灌木丛上作为标记。如果有入侵者，或者是碰巧路过的陌生狮子，我们都会大声咆哮，警告它们："这是我的地盘，赶紧走开！"

你知道吗？

雄狮虽然雄壮威武，但极少参与捕猎，因为它们的鬃毛太过张扬，容易暴露目标，所以狩猎的重任基本上都落在了雌狮身上。雌狮捕猎的方式非常巧妙，它们会从四周悄悄包围猎物，并逐步缩小包围圈，它们分工明确，其中一些负责驱赶猎物，其他的则等着伏击。

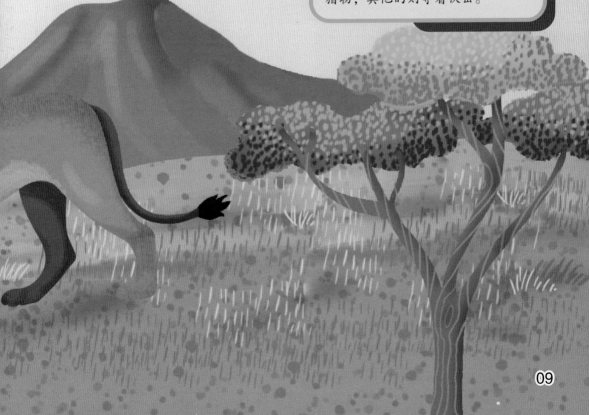

老虎

我是世界上最大的猫科动物，号称"百兽之王"，也是陆地上最强大的食肉动物。我们喜欢生活在深山野林中，而且喜欢独居。我们老虎都有自己的领地，任何动物都不敢侵犯我们。我们身上的斑纹是一种保护色，可以帮助我们在草丛和树林中隐身。

老虎经常吃人吗？

老虎：这是误解。人类是我们唯一真正害怕的天敌，我们见到人类通常会躲起来，根本不会主动袭击他们。只有那些老弱病残或者实在找不到食物饿极了的老虎才会去伤害人类，而且通常是在人类进入我们神圣不可侵犯的领地的情况下。

动物小名片

哺乳纲—食肉目—猫科
栖息地：亚热带、热带山地丛林等
食物：鹿、野猪、羚羊等
本领：集速度、力量、敏捷于一身，擅长扑击、爬树、游泳，爪掌力大无比
保护现状：国家一级保护动物

老虎有哪些超强的本领？

老虎：我非常善于扑击，速度快、力量大，动作敏捷。另外，我还是一名出色的游泳健将，游泳对于陆地捕食者来说并不容易，但对我来说轻而易举，我可以在宽达 7 千米的河流中自由畅游，并且在巡逻我的领地时每天能游将近 30 千米的距离。

然而我最令人恐惧的莫过于咆哮了，当我咆哮时，猎物和人类的身体都会感到麻木酥软。

老虎的祖先起源于大约 200 万前的东亚，后来扩散到亚洲西南部和东南亚。

在中国，曾经生活着华南虎、东北虎（西伯利亚虎）、孟加拉虎、印支虎（东南亚虎）、里海虎（新疆虎，已灭绝）等多个品种的老虎。可是由于人类大量捕杀，目前中国野外生存的老虎数量非常稀少。

金钱豹

　　我叫金钱豹，又叫花豹，我的名字来源于我们身上的斑点像古代的铜钱。我和老虎一样喜欢独居。白天我在树上或洞穴里休息，晚上出去捕猎。我的捕猎本领很强，常常悄无声息地接近猎物，然后突然跳出将其捕获。当猎物吃不完时，我会把它拖到树上挂起来，这样既可以避免腐烂，又不会被其他动物偷吃。怎么样，我很聪明吧？

动物小名片

哺乳纲—食肉目—猫科

栖息地：山地、森林、丘陵、灌木丛、荒漠、草原

食物：羚羊、鸟、猴子、兔子、老鼠等

本领：动作敏捷，善于爬树，嗅觉、视觉极为敏锐，也善跳跃（一跃可达6米高、12米远）

保护现状：国家一级保护动物

金钱豹有领地吗？

金钱豹：我们拥有自己的领地，而且不同地区，领地大小也不一样。在非洲，我们的领地只有几十平方千米；在西亚，我们的领地达到上百平方千米；在东亚，我们的领地超过200平方千米。

我们通过尿液或在树干、地面上留下爪痕来标记自己的领地范围。我们会不停地在自己的领地范围内巡视，并且捕猎和领地巡视基本上同时进行。

捕猎时，我们一天会在3～5平方千米的范围内活动，如果领地缺乏食物，我们会连续行走10～20千米来跟踪或寻找猎物。

金钱豹是怎样捕猎的？

金钱豹：我一般白天睡觉，晚上捕猎。我捕猎通常有两种方式：一种是隐藏在树上，这样可以居高临下发现猎物，同时气味也会随风飘散，不易被猎物发现，但需要耐心等待猎物从树下经过。另一种是偷袭，先悄无声息地接近猎物，然后突然跳出，将其捕获。

金钱豹是猫科动物中最凶猛的动物，它不仅猎杀食草动物，也猎杀老虎、狮子的幼崽。

要注意！

如果遇到金钱豹，一定要冷静，千万不要惊慌失措。金钱豹虽然是大型肉食动物，却不会主动攻击人类。当我们与金钱豹相遇时，它大多是站在那里与我们静静对峙，只要我们保持安静，几分钟后，它就会自动回避，并走进密林中。

黑熊

嗨，我叫黑熊，小名叫狗熊，是中国东北常见的动物之一。因为胸前有一个大大的白色"V"字，看起来像一弯新月，所以我又叫月熊。我的嗅觉和听觉非常灵敏，但是视力很差，是高度近视眼，百米之外就啥也看不清了，因此人类又叫我"熊瞎子"。我是独居和冬眠动物，一到秋天我就会吃得胖胖的，然后躲进洞里冬眠，这段时间不吃不喝，也不排泄。直到春天来临，我才会苏醒过来，这时候我的身材会变得苗条起来。

动物小名片

哺乳纲—食肉目—熊科

栖息地：森林、灌木丛、山地等

食物：植物的芽、叶、茎、根、果实，菇类、虾、蟹、鱼类、蜂蜜等

本领：爬树、游泳、直立行走、冬眠，嗅觉和听觉非常灵敏，顺风可闻到500米以外的气味，能听到300步以外的脚步声

保护现状：国家二级保护动物

黑熊不喜欢吃肉吗？

黑熊：我可不是不喜欢吃肉，而是大多数情况下吃不到肉。你看我这么笨重，行动缓慢，眼睛又不好，怎么能捕到猎物呢？为了生存，我只好吃各种植物，当然，我也吃其他食物。说起来，我喜欢的东西非常多，和人类一样是杂食动物。

春季，我喜欢吃新鲜多汁的嫩草、树木的幼芽和嫩叶，这是我春天的主食。夏季，我喜欢吃各种富含碳水化合物的果实和浆果。比如，悬钩子、山枇杷、猕猴桃，以及各种樟科的果实，也吃蚂蚁、蜜蜂等昆虫。秋冬季节，我喜欢吃脂肪含量丰富的坚果。比如，山胡桃、壳斗科的橡果。

黑熊的胆汁中含有大量的胆酸，能够清肝明目，治疗肝病，有极高的药用价值。

黑熊冬天不吃不喝，会不会饿？

黑熊：不会饿的。只要是冬眠的动物一般都不会感到饿。

我秋天吃得很饱，身上储存了足够我一整个冬天消耗所需的能量。而且我冬眠的时候，一动不动，整个身体处于半睡眠状态，这样可以降低体温和心率，新陈代谢的速度也会变得缓慢。

真可怕！

每年全世界有7000多只黑熊被关在狭小的铁笼里，它们的体内被植入导管，每天取胆汁入药，这些黑熊腹部的伤口永不愈合。由于手术技术低劣，又不卫生，再加上长年被禁锢在铁笼中，被关押的黑熊寿命连正常黑熊寿命的1/3都不到。

大熊猫

　　我是世界上最珍贵、最可爱的大熊猫，我们大熊猫家族在地球上至少生活了800万年，所以被誉为动物界的"活化石"。由于我的毛色黑白分明，模样憨态可掬，又是中国独有，所以被称为"国宝"。我喜欢吃竹子的嫩茎和竹笋，不过我的祖先却是吃肉的，只是后来由于环境的改变，我们才逐渐改变饮食习惯。我喜欢独来独往，昼伏夜出，一般生活在海拔3000米以上的高山竹林里。

动物小名片

哺乳纲—食肉目—熊科

栖息地：中国四川、陕西和甘肃山区

食物：竹子

本领：爬树、游泳、气味标记、声音交流

保护现状：国家一级保护动物

大熊猫有什么特征?

大熊猫:我们大熊猫家族仅有两个亚种。一般雄性稍大于雌性。

我身长 1.5 米,尾长 11 厘米,体重 100 千克,我们家族最重的大熊猫可达 180 千克。我的毛黑白两色相间分明,有圆圆的脸颊和很大的"黑眼圈"。我走路是内八字,别看我憨厚可爱,其实我的爪子像解剖刀一样锋利,可以轻易劈开竹子。

我的皮肤有 10 毫米厚,所以不怕摔。我的毛色有利于隐蔽在密林的树上和积雪的地面而不易被天敌发现。

为什么大熊猫喜欢吃竹子?

大熊猫:我原本是食肉动物,后来由于环境的改变,不得不改吃竹子。当年我们的祖先生活在第四纪大冰期,冰山不断向南推移,使许多动物失去了原来的栖息地,只有秦岭一带有许多山脉能够阻挡寒冷的空气,所以这里便成了当时生物的避难所,大量动物从各处迁徙到这里避难。

这就使得这里的生态环境更加恶劣,食草动物们拼命抢夺最有利的位置吃鲜嫩多汁的植物;食肉性动物则占据各个生态链进行捕猎,我们的祖先为了不与它们竞争,便选择了以竹子为食。

大熊猫非常爱吃竹子,成年大熊猫每天要吃掉 10 ~ 18 千克竹叶和竹竿,同时排出 10 多千克粪便。

小问题!

为什么大熊猫总是不停地吃?

大熊猫没有像食草动物那样专门用于储存食物的复杂的胃和巨大的盲肠。它们的肠胃中也没有能把植物中的纤维素发酵成可吸收的营养物质的共生细菌或纤毛虫。因此,为了获得所需的营养,它们只能不停地吃。

北极熊

　　我是一只北极熊，是北极动物世界的霸主。我们北极熊体形庞大，一般体长约2米，体重250～300千克，最重的可达1吨。北极虽然很冷，有时气温达到零下50℃以下，可我们一点儿都不怕，因为我们全身长满厚厚的脂肪和密实的毛。我们的猎物主要是海豹，当然也捕捉海象、鲸、海鸟、鱼类，夏天也会吃点儿浆果和植物根茎来补充维生素。

动物小名片

哺乳纲—食肉目—熊科

栖息地：北极

食物：海豹、海象、鱼类

本领：力量巨大、嗅觉灵敏（可捕捉到方圆1000米或冰雪下1米的气味）、游泳、休眠

生存现状：易危

北极熊是怎样保暖的？

北极熊：我们的毛很特别，虽然看起来是白色的，其实是透明的空心管子，这种特殊的结构可以使阳光包括紫外线畅通无阻地全部辐射到我们的皮肤上，这是我们北极熊收集太阳热量的天然工具。

另外，我们的皮肤是黑色的，有助于更好地吸收和储存太阳能量，这也是我们保暖的好方法。

北极熊的前爪像船桨，这有助于北极熊游泳和在薄冰上行走。

北极熊是怎样捕捉海豹的？

北极熊：我们有两种捕猎策略。

一种策略是静止捕猎，这是我们最常用的。我们会在冰中找到海豹的呼吸孔，然后等待海豹浮出水面，将其杀死。当我们看到海豹从水中出来晒太阳时，就会使用跟踪技术靠近，然后尝试捕捉它。通常我们会蹲伏并躲在海豹的视线之外，等海豹爬上冰面后，迅速进行捕捉。

另一种策略是游过冰上的任何通道或裂缝，悄悄接近海豹来进行捕捉。我们很擅长游泳，可以通过呼吸孔潜入冰下或浮出水面，以此来围堵海豹，并切断其逃跑路线。

没想到吧！
贴心的父母

北极熊虽然凶猛无比，可是对待自己的孩子却非常温柔。宝宝一出生，熊妈妈就把它们托在自己的掌心，不让孩子碰到一点点冰雪，还用脖子上最暖和的绒毛给宝宝当棉被，并且会不停地向宝宝吹暖气来保暖。

狼

我是人类既熟悉又害怕的狼，犬科动物中体形最大的野生动物。我们雄狼的体长1~1.3米，平均体重约55千克；雌狼的体长0.8~1.1米，平均体重约45千克。我们的外形虽然像狗，但与狗有很大不同，我们的耳朵直立，嘴巴很尖，尾巴下垂。我们喜欢群居，有着森严的等级制度，每群数量6~10只，当冬天缺乏食物时，几个狼群会合并成一个大狼群，最多可达40只。

动物小名片

哺乳纲—食肉目—犬科

栖息地：亚洲、欧洲及北美洲的林地、草原、荒漠、丘陵、山地、森林及北极苔原等

食物：野兔、野羊、野猪、鹿等

本领：奔跑、游泳、团结协作、超强的忍耐力和纪律性、嗅觉、视觉、听觉极为敏锐

保护现状：国家二级保护动物

狼有哪些生活习性?

狼:我们是夜行性动物,白天常独自或成对躲在洞穴中休息,但在人烟稀少的地区,白天也出来活动。夜晚捕食时,我们会通过在空旷的山林中大声嚎叫来召集同伴。

我们很能吃,一顿能吃 10 ~ 15 千克食物,如果猎物容易捕到,我们捕杀后一般不立即吃掉,而是先储存起来。如果食物不足或没有食物,我们也能挨饿,最长可以饿 17 天,通过少活动多睡觉的方法来减少能量消耗。我们善于游泳,遇到危险时就跳进水中,借此将身上的气味消除,摆脱敌人的追击。

狼群组织非常严密,成员通常被分为甲、乙、丙各等级,捕猎时通常选择弱小或年老的猎物下手。

狼是怎么狩猎的?

狼:我们狩猎与别的食肉动物不同,通常是团队作战,在狼王的带领下,集体围攻追杀猎物。

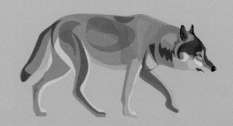

我们的四肢强健有力,身体轻捷,奔跑速度快,耐力强,能够以 55 ~ 70 千米的时速追赶猎物,也能花上两个星期,行走 200 多千米跟随猎物,所以即使是善于奔跑的狍子、鹿等动物也会被我们猎杀,就连比它们大几倍的狗熊和野猪也难以幸免。

我们的狩猎方式五花八门,包括伏击、跟随、围攻、追逐等。一旦发现目标,我们会从不同方向包抄,然后慢慢接近,突然发起进攻;若猎物企图逃跑,我们就会穷追不舍,而且为了保存体力,往往分成几个梯队,轮流作战,直到捕获成功。

原来如此!

狼群等级制度森严,狼王是最高首领,在狼群中具有绝对优势,是狼群的中心及安全守护的主要力量,它对所有的雌性及大多数雄性都具有权威,一旦捕到猎物,它必须先吃,然后再按狼群的等级依次进食。

鬣狗

　　郑重声明，我不是狗，我们家族属于鬣（liè）狗科，与犬科并列。因为我脖子后面的脊背中线上长着长长的鬣毛，所以被人们叫作鬣狗。我喜欢吃腐肉，一旦捕获猎物，会把猎物吃得干干净净，连渣都不剩下，所以人们给我取了一个有趣的名字——"草原清道夫"。和狮子一样，我们鬣狗处于母系氏族社会，每个群体都有一个雌性首领，它是我们的领袖，可以享用更多更好的猎物。

动物小名片

哺乳纲—食肉目—鬣狗科

栖息地：热带草原、丛林、山地森林、半沙漠等

食物：斑马、角马、斑羚、腐肉等

本领：速度（50～60千米/小时）、咬合力（能一口咬断非洲野牛的大腿）、擅长群猎

生存现状：斑点鬣狗和条纹鬣狗两种近危

鬣狗为什么吃腐肉不生病？

鬣狗：首先，我们胃中的胃酸浓度非常高，可以杀死绝大部分细菌和病毒，减少腐肉对我们身体的伤害。

其次，我们的消化系统内有很多有益细菌，可以帮助我们消化腐肉，同时还能抵御一些有害细菌，使我们保持健康。

另外，我们的免疫系统也非常强大。在长期进化的过程中，我们进化出了与病菌共存的能力，能够免疫腐肉中的致病细菌和病毒。比如，动物尸体中常见的肉毒杆菌、炭疽（jū）杆菌和狂犬病毒等。

> 鬣狗是唯一能够嚼食骨头的哺乳动物，共有4种：斑鬣狗、条纹鬣狗、棕鬣狗和土狼。

鬣狗有哪些生活习性？

鬣狗：我们过着群居群猎生活，群体大到上百只，小到十几只。雌性鬣狗通常比雄性鬣狗强壮，而且地位更高。首领一般是体格健壮的雌性鬣狗。觅食后雌性首领通常要先享用一块最大、部位最好的肉。

我们外出狩猎时会跑几十千米远，有时甚至上百千米远。狩猎过程中如果有同伴受伤，会被留在洞穴里守护地盘和照料孩子，等狩猎群回洞穴后，会吐出食物喂养受伤的同伴和孩子。

你知道吗？

鬣狗在动物界的名声很差，是有名的"机会主义者"。除了自己捕猎，它们还经常抢夺其他肉食动物所捕获的猎物。比如，花豹、狮子。在它们的数量10倍于对手时就敢从花豹口里抢走猎物；如果己方数量再多些时，它们也能毫无畏惧地从狮子口中夺食。

浣熊

嗨，我叫浣（huàn）熊，我的祖籍在北美洲，大家容易把我和小熊猫搞混，但其实我们并不是同一种动物。我是浣熊科，而小熊猫是小熊猫科。

我的体形较小，体长40～70厘米。因为经常在河边捕食鱼类并喜欢在水中浣洗食物，所以被人们叫作浣熊。我喜欢生活在靠近河流、湖泊或池塘的树林中，白天会选择在树上休息，晚上出来活动，所以加拿大人把我称为"神秘小偷"。冬天我会躲进树洞里冬眠。

动物小名片

哺乳纲—食肉目—浣熊科
栖息地：靠近水源的森林、农田、郊区和城市
食物：鱼、昆虫、水果、坚果
本领：爬树、游泳、智商高、夜视能力强、触觉发达
生存现状：无危

浣熊的后腿可以旋转180度，头朝下爬下树。

浣熊是小熊猫吗?

浣熊:不是。我是浣熊科,小熊猫是小熊猫科。我们俩根本不是一科。而且我和小熊猫在外貌上也有很大的区别。我的毛色通常是灰色或深灰色,脸比较尖,眼睛周围有一圈深色皮毛,尾巴上的环通常会超过10个。此外,我的前爪的五指是分开的,可以抓握,就像人类使用手一样。

小熊猫的体毛通常是鲜艳的火红色或亮橙色,腹部的毛是深色。它们的脸比较圆,脸部花纹偏浅白色,而且多数花纹不连续,是独立的,尾巴上有5~6个浅色的环。小熊猫的手掌有"六个手指",善于抓握,方便它们握着竹子吃。

浣熊喜欢吃什么?

浣熊:我不挑食,找到什么吃什么。春天和初夏时节,我主要吃昆虫、蠕虫等。而夏末、秋天和冬天,我更喜欢吃水果和坚果。比如,橡子、核桃。我一般不吃大的猎物。比如,鸟和哺乳动物。

还有,我更喜欢吃鱼、青蛙和鸟蛋,因为它们更容易捕捉。吃东西的时候,我喜欢将食物在水里洗一洗,我觉得这样更好吃,不过我吃饼干的时候,在水里一洗就变成浆流走了。

有人说我比猫聪明,这是对我的夸奖,非常感谢。我不知道猫有多聪明,不过我可以用前爪打开罐头,不

小秘密!

浣熊的爪子非常灵敏,上面的触觉细胞非常丰富,接触水后会变得更加敏感。浣熊可以通过爪子来测量食物的重量、尺寸、材质及温度。

獾

我是爱干净的獾（huān），又叫狗獾，还有一个绰号"獾八狗子"。我的体形圆滚，毛色黑棕白混杂，十分可爱，体重10～12千克，体长45～55厘米。我的爪子细长尖利，擅长挖洞，而且喜欢群居，冬天我会冬眠。

动物小名片

哺乳纲—食肉目—鼬科

栖息地：丛林、荒山、溪流、湖泊、山坡、丘陵等灌木丛

食物：蚯蚓、昆虫、甲虫、蛙类、鼠类等

本领：挖洞、嗅觉灵敏

生存现状：无危

獾有什么生活习性?

獾:我们獾家族共有5种,分别是狗獾、猪獾、狼獾、鼬獾、蜜獾。

我们喜欢群居,而且冬天会冬眠,通常从11月份开始冬眠,到来年3月份出洞。我们一般晚上出来捕食,一直到第二天凌晨4点左右才回洞休息。

我们还有一个习性——爱干净。我们在入洞前会把脚擦干净,在睡觉前和醒来都要洗一洗。冬眠醒来后,我们要做的第一件事就是整理洞穴,把以前铺的草叶扔掉,换上新鲜的青苔或干叶。我们从来不在居住的洞穴里大小便。我们有自己的专用厕所,就在洞口附近,而且不止一个。

獾的视觉很差,嗅觉却很灵敏,这一点儿都不影响它们晚上出去捕食。

猪獾和狗獾有什么区别?

獾:猪獾大小和狗獾差不多,二者之间最大的区别就是鼻子,狗獾的鼻子像狗鼻子,而猪獾的鼻子像猪鼻子。猪獾的体形比狗獾稍大一些,体重在10千克以上,体长65~70厘米,全身浅棕色或黑棕色,也混杂着白色。

二者的生活习性类似,住岩洞或挖洞而居,性情凶猛。但猪獾叫声似猪,食性很杂,喜欢吃小动物,像蚯蚓、青蛙、泥鳅、黄鳝、鼠类等,也吃植物,有时偷吃人类的农作物,像玉米、小麦等。另外,猪獾和狗獾一样会冬眠。

真奇妙!

蜜獾喜欢吃蜂蜜,常和导蜜鸟分工合作,导蜜鸟负责寻找蜂蜜,然后通知蜜獾,蜜獾跟着导蜜鸟来到蜂蜜所在地,它爬上树把蜂巢破开,享用蜂蜜,等它吃饱后,导蜜鸟再来享用。

金丝猴

我是人见人爱的金丝猴，和大熊猫一样也是国宝，外国人叫我仰鼻猴。作为森林树栖动物，我常年栖息于海拔1500～3300米的森林中。我们金丝猴有五大种群：川金丝猴、黔金丝猴、滇金丝猴、怒江金丝猴和越南金丝猴。我虽然鼻孔朝天，可是并不骄傲，相反，我的脾气特别好，既温顺又可爱，最重要的是，我特别有礼貌！

动物小名片

哺乳纲—灵长目—猴科

栖息地：中国、缅甸、越南海拔1500～3300米的森林中

食物：浆果、竹笋、苔藓、鸟蛋

本领：爬树、跳跃、荡秋千

保护现状：国家一级保护动物

金丝猴有哪些种群？

金丝猴：我们有五大种群，这个前面已经介绍过了，我们共同的外貌特征是鼻孔大而上翘，唇厚，无颊囊，这是为了适应高原缺氧进化而来的。

我们川金丝猴全身毛色金黄，肩背上还长有长毛，尾巴与身体一样长，有的甚至比身体还长。而黔金丝猴的体形和我们相似，但体形稍小，尾巴更长，全身都是灰褐色毛发，有的个体拥有黄色毛发。

滇金丝猴的体形比我们稍大，尾巴相对较短，和体长差不多，身体主要是灰黑色。

怒江金丝猴全身黑色，只有面部、胸部有一点点白色。

越南金丝猴的体形较小，胸部、腹部为黑色，四肢内侧浅黄色。

> 金丝猴的种类不是按外表来划分的，而是按基因来划分的，所以它们的外表差异很大。

金丝猴是怎样生活的？

金丝猴：我们和人类一样，组成家庭共同生活。我们家庭成员之间相互关照，在一起觅食、玩耍和休息。

在我们的家庭中，未成年的小金丝猴就像孩子一样非常好奇和调皮，并倍受父母宠爱，但小公猴成年后就会被爸爸赶出家门，只能自己到野外独立生活。

你知道吗？

金丝猴妈妈非常疼爱小金丝猴，在哺乳期，总是紧紧抱着它们或者抓住尾巴，不让它们乱跑乱动，连金丝猴爸爸都别想摸一摸自己的孩子。

麋鹿

    我是中国特有的珍稀动物,被人们称为"四不像"。我的角像鹿角可又不是鹿,脸狭长像马脸可又不是马,蹄子宽大像牛蹄可又不是牛,尾巴细长像驴尾巴可又不是驴。因此得名"四不像"。我性情温顺,是典型的佛系动物,我只吃素,从不吃荤,有青草的时候绝对不吃任何人工饲料。

    曾经我生活在皇家园林里,过着养尊处优的贵族生活,然而后来被八国联军掳走了。幸运的是,在历经波折之后,我又回到了祖国的怀抱。

动物小名片

哺乳纲—偶蹄目—鹿科

栖息地:中国温暖的沼泽湿地

食物:青草、树叶、小麦麸、玉米、豆饼、大豆秸秆粉碎制成的饲料

本领:游泳

保护现状:国家一级保护动物

麋鹿为什么长得"四不像"呢？

麋鹿：这是我们长期进化适应环境的结果。我生活在泥泞潮湿的沼泽地带，喝水时容易受到天敌袭击，为了自我保护，我的身体有着独特的特点，我的马脸很长，喝水时，眼睛可以观察周围的风吹草动，一有危险就会逃跑。我的角由于枝杈向后，在茂盛的湿地植物中行走时不容易被钩住，而且还可以挠痒痒。

我宽大的牛蹄可以增加脚与地面接触的面积，不容易在湿软的土地中"泥足深陷"。我的两个前脚趾之间还长有肉膜，就像鸭子的脚蹼，能够在游泳时帮助我快速前进。我的尾巴长达 70 厘米，可以充当"苍蝇拍"，赶走周围讨厌的苍蝇和蚊虫。

湿地之中蚊蝇很多，如果没有驱赶蚊虫的有效手段，麋鹿就可能会出现伤口感染或者患上传染病的危险。

麋鹿的角会一直生长吗？

麋鹿：当然不会，如果一直生长，岂不是要长成大树了吗？事实上，我们雄麋鹿的角长到一定程度，就会自动脱落。

我们的角一般在每年 11～12 月份脱落后，新角会立即开始生长，到第二年 5～6 月份长成。个别的可能会一年脱角两次：11 月份前后脱去大角，随即长出小角，至第二年 1～2 月份长成，几个星期后再次脱去。年幼的雄鹿在 2 岁时长角分叉，一直到 6 岁叉角才会完全长成。

你知道吗？

我国麋鹿主要分布在三大保护区内，其中面积最大的是江苏大丰麋鹿保护区，目前该保护区野生麋鹿的数量已达 2600 多只。截至 2021 年，我国共建立 84 个麋鹿迁地保护种群，麋鹿总数近万只。

梅花鹿

  我是美丽可爱的梅花鹿，我的名字来源于身上像梅花一样的白色斑点。我们梅花鹿一般体长125～145厘米，尾巴长12～13厘米，成年雄鹿的体重100～120千克，雌鹿则在60～70千克。

  我的毛色会随季节的变化而改变。夏天我的毛薄而无绒，毛色鲜亮呈棕黄色或栗红色。冬天我的毛厚密，毛色较暗，呈现出栗棕色或烟褐色，身上的白斑也不那么明显了。我自古以来就受到人们的喜爱，因为我是富贵、吉祥、长寿的象征。

动物小名片

哺乳纲—偶蹄目—鹿科
栖息地：亚洲东部森林边缘和山地草原地区
食物：青草、水果、树芽、树叶、农作物
本领：游泳、奔跑、跳跃
保护现状：国家一级保护动物

为什么梅花鹿是富贵、吉祥、长寿的象征?

梅花鹿:这大概是因为我的名字"鹿"与"禄"谐音吧! 100头鹿在一起,称为"百禄",鹿和蝙蝠一起,表示"福禄双全"。另外在神话传说中,我们还是南极仙翁的坐骑。南极仙翁是寿星,而我们梅花鹿的寿命也很长,通常在20年左右,相当于人类的250岁。

我们还有一个神奇的本领——免疫力超强。据生物学家研究,我们的血液中免疫蛋白的含量是人体的3倍,而号称"人体生命健康之本"的SOD元素的含量则是人体血液含量的7 ~ 10倍。我们如果受伤,伤口会自然止血,而且很快愈合,很神奇吧!

由于梅花鹿是"仙兽",因而被人类疯狂捕杀,如今野生梅花鹿已经非常稀少,中国连1000只都不到。

梅花鹿全身都是宝吗?

梅花鹿:是的。根据李时珍在《本草纲目》中所言:"鹿之一身皆益人,或煮或蒸或脯,同酒食之良。大抵鹿乃仙兽,纯阳多寿之物,能通督脉,又食良草,故其肉、角有益无损。"可见,在食用方面,我们梅花鹿肉具有滋补身体、延年益寿的功效。他还说我们的幼角(鹿茸)是中药中有名的补品,可以增强免疫力,调节血压,强壮身体,补血益气等。

另外,我们全身所有的器官(鹿角、鹿鞭、鹿血、鹿肉、鹿筋、鹿髓等)都是名贵药材。

小秘密!

雄性梅花鹿的头上长着标志性的倒八字大长角,角上有四个分叉,这是梅花鹿战斗和防御的武器。雄鹿会经常在树干上摩擦鹿角,以此去掉外皮,使角变得更加锋利。

长颈鹿

我是美丽优雅的长颈鹿，是当今世界最高动物纪录的保持者。在古代，我被人们称为神兽麒麟。哇，真的非常荣幸！我的身高6~8米，体重超过700千克，主要生活在非洲草原上。我不爱叫，也不爱喝水，因为我的脖子太长，所以叫起来和喝水都不方便。

长颈鹿在非洲是怎样生活的？

长颈鹿：我们是群居动物，比较胆小，一般在早晨和黄昏出去觅食。食物主要是各种树叶，一天可以吃掉60多千克的树叶和嫩枝。因为树叶中含有充足的水分，所以我们可以一年不喝水。

我们的睡眠时间很少，一个晚上一般只睡2个小时。因为睡眠会使我们面临危险，很多天敌会乘机偷袭我们，所以我们大部分时间都是站着睡觉的。

有人认为我们是哑巴，没有声带，从来不会叫，其实这种想法是不对的。我们不仅有声带，而且也会发出叫声。我们的声带很特殊，声带中间有个浅沟，不太好发声；而且，发声时需要靠肺部、胸腔和膈肌的共同帮助，但由于我们的脖子太长，和这些器官之间的距离太远，导致叫起来很费力气。所以，我们平时很少叫。

动物小名片

哺乳纲—偶蹄目—长颈鹿科

栖息地：非洲干旱而开阔的稀树草原地带

食物：植物叶子

本领：奔跑、侦察瞭望、后腿踢（能将狮子、豹子踢翻在地，甚至踢死）、站着睡觉

生存现状：易危

长颈鹿在日本、韩国被人们叫作麒麟，在中国台湾地区被人们叫作麒麟鹿。

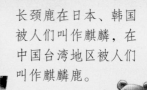

长颈鹿祖先的脖子和腿也是这么长吗？

　　长颈鹿：不是的。我们的祖先原本没有这么长的脖子和腿，当时它们生活在温暖湿润的森林里，后来由于气候发生变化，变得干燥起来，大片森林逐渐消失，取而代之的是广袤的草原。草原树木稀少，为了争夺有限的树叶资源继续生存下去，我们的祖先不得不进化得更高，脖子进化得更长，因为只有这样才能吃到更高处、更绿、更嫩的树叶。

原来如此！

　　中国古代并没有长颈鹿，直到明朝永乐年间，航海家郑和下西洋，从非洲引进了长颈鹿后，中国才开始有长颈鹿。但当时人们不叫它为长颈鹿，而是叫它麒麟，因为它和中国古代关于神兽麒麟的描写非常相似。

藏羚羊

嗨，我是人见人爱的藏羚羊，生活在青藏高原的可可西里地区。作为中国特有的物种，我们是国家一级保护动物，被誉为"可可西里的骄傲"。我们藏羚羊通常背部是红褐色，腹部是浅褐色或灰白色；体长120～140厘米，尾巴长14～16厘米，肩高65～70厘米。雄性有直而细长的角。我们家族喜欢迁徙，每年从冬季交配地到夏季产羔地之间迁徙行程达300千米。

动物小名片

哺乳纲—偶蹄目—牛科

栖息地：海拔 3700 ～ 5500 米的高山草原、草甸和高寒荒漠地带

食物：红景天、紫花针茅、扇穗茅、青藏苔草、豆科的棘豆和曲枝早熟禾等

本领：奔跑（时速达 70 ～ 80 千米）

保护现状：国家一级保护动物

藏羚羊是羚羊吗？

　　藏羚羊：不是。我们是一种特化山羊，虽然我们家族属于牛科羚羊亚科，但我们是藏羚属，是中国特有的稀有物种之一。

　　以前，人们以为我们藏羚羊是羚羊，但经过分子生物学鉴定，发现我们并不是羚羊，而是一种为适应高原气候进化而成的特化山羊。所以，藏羚羊才是我们正确的名字。

　　有人可能会问，青藏高原那么寒冷，海拔那么高，为什么不迁徙到别的地方去生活呢？因为我们已经适应了这里的生活环境，迁徙到别的地方无法繁殖。

　　整个青藏高原的藏羚羊都属于同一个大家族，因为它们有产羔迁徙的习惯。

藏羚羊为什么要迁徙呢？

　　藏羚羊：因为我们有"种群集体记忆"。大约在 4000 ~ 8500 年前，当时青藏高原的气候温暖湿润，可可西里到处都是森林、灌木。我们藏羚羊喜欢生活在开阔的草地上，于是开始向相对寒冷的北方迁徙。到了冬天，随着北方大面积被冰雪覆盖，我们在这里没有吃的，于是不得不又向南迁徙觅食。这样年复一年、代代相传，季节性迁徙就成了我们族群的集体记忆，至今仍影响着我们的行为。

你知道吗？

　　2008 年北京奥运会的吉祥物之一"迎迎"，就是以藏羚羊为原型设计的。人们以此来赞扬藏羚羊在严酷环境下生存的顽强生命力和挑战极限的精神，而且"羊"字的谐音寓意"喜气洋洋"。

骆驼的嗅觉非常灵敏，能够在 10 千米之外嗅到盐池或碱滩的气味，并长途奔跑前来吞食。

骆驼

我是爱旅行的骆驼，人称"沙漠之舟"。我有高大的驼峰，它们就像是我的食品仓库，里面储存着很多脂肪，当我找不到食物时，身体就会分解这些脂肪来保障我的生存。

我们骆驼分单峰驼和双峰驼，单峰驼比较高大，并且数量也比双峰驼多，但是双峰驼比单峰驼更耐寒，在中国也最常见。我们非常耐饥耐渴，即使几天不喝水也不会有生命危险。

动物小名片

哺乳纲——偶蹄目——骆驼科

栖息地：中国西北、非洲和蒙古沙漠

食物：多刺植物、灌木枝叶、干草

本领：耐饥耐渴、耐寒耐热、耐风沙、反刍、奔跑

保护现状：野生双峰驼是国家一级保护动物

骆驼有哪些生活习性?

骆驼:我们是沙漠动物。沙漠里植物稀少,为了适应沙漠环境,我们通常会在水草丰盛的夏秋季节大量进食,每天吃下可达 30 多千克的食物。我们有 3 个胃,吃东西时,先把食物吞进肚子里,再抽空慢慢品尝,这就像把食物打包带走一样,这种吃法叫作反刍。

我们吃下的食物会被转化为脂肪贮存在驼峰和腹腔内。当冬春缺草季节,贮存在驼峰和腹腔内的脂肪就成了我们生存的保障。

我们不仅耐饥饿,还耐干渴,因为我们的胃里有许多像瓶子一样的小泡泡,里面可以贮存很多水,即使几天不喝水我们也不会有生命危险。

我们也耐炎热,因为我们的体毛比较蓬松,不仅能够抗御炎热,还能让汗液慢慢蒸发,降低体温。

骆驼是怎样抵御沙漠里的风沙的?

骆驼:我们的脚上长着厚厚的柔软的蹄盘,即使走在沙土中也不会下陷,蹄盘前面还有两个弯向前方的角质蹄爪,这使我们行走时不会滑倒。

遇到大风飞沙天气,我们也不怕,因为我们有双重眼睑和浓密的长睫毛,可以保护眼睛免受沙尘侵扰,即使有沙尘进入眼中,泪腺也会分泌泪液进行清洁。我们还长有狭长而倾斜的鼻孔,可以自由关闭,鼻孔里有很多鼻毛,里面的管道弯曲而多皱,可以有效地

湿润空气,过滤沙尘。此外,我们的耳朵里有很多耳毛,能够阻挡风沙进入耳道。

小秘密!

骆驼非常喜欢吃含盐分高的植物。因为骆驼生活在荒漠干旱地带,降水远远低于水蒸气的蒸发和植物的蒸腾,使得这一地带植物的含盐量偏高,久而久之,骆驼便开始喜欢吃含盐分高的植物了。

疣猪

动物小名片

哺乳纲—偶蹄目—猪科

栖息地：非洲稀树草原、丛林、荒漠

食物：青草、苔草、块茎植物

本领：挖洞、打架、奔跑、嗅觉发达、耐渴

生存现状：无危

我是生活在草原上的疣猪，我的名字来源于脸上有两个大疣子，加上脸上的大獠牙，使得大家都认为我长得丑。我的体长0.9～1.5米，体重50～150

千克，是中小型偶蹄目动物。我们天性好斗，喜欢群居和挖洞，还喜欢洗泥巴澡。

疣猪在草原上是怎样生活的?

疣猪:我们是群居动物,每个疣猪都有一个小家庭,主要由母疣猪和小疣猪组成。公疣猪单独生活,只有在交配期间才会加入群体。我们通常白天出去觅食,主要是吃青草、苔草及块茎植物,偶尔也会吃一些腐烂的肉。

我们非常耐渴,即使几个月不喝水也能存活,因为我们的体内能够贮存水分,就像骆驼和羚羊一样。

我们喜欢洗泥巴澡,会像犀牛那样浑身涂满泥巴,这样既可以消暑降温,还能消灭身上的寄生虫。我们平时喜欢待在洞穴里,这样既安全又可以防止太阳暴晒。

疣猪的天敌主要是狮子和豹子,它们虽然没有和狮子对抗的能力,但是遇到没有经验的猎豹,可以用锋利的獠牙与对方对抗。

疣猪遇到狮子该怎么办?

疣猪:我们通常躲在洞穴里,避免遇到狮子。早上出洞的时候,我们会飞速冲出,这样可以躲避埋伏在洞口的狮子等掠食者,晚上回洞的时候,我们倒退着进洞,以便观察是否有猎食者跟随。

如果真的很倒霉,当面遇到狮子,那我们只能任其宰割。幸运的是,狮子一般不猎食我们,只有食物短缺时才会捕杀我们充饥。

真奇妙!

黄犀鸟喜欢和疣猪共同生活,因为它们喜欢吃疣猪身上的寄生虫。当它们落在疣猪身上,不停地啄食时,疣猪不会驱赶它们,任由它们啄食,它当黄犀鸟给它挠痒痒呢!

动物小名片

哺乳纲—奇蹄目—犀科

栖息地：非洲和亚洲开阔草地、稀树草原、灌木林、沼泽地

食物：草、水果、树叶、树枝和稻米

本领：力气大，听觉、嗅觉灵敏，奔跑（时速可达 45 千米）

生存现状：3 种极危，1 种近危，1 种易危

犀牛

嗨，我是身披铠甲的大力士犀牛。我的铠甲就是我身上的灰皮，它非常坚硬厚实，连刀都砍不破。别看我身躯庞大、其貌不扬，其实我人畜无害，而且胆子很小，从来不主动挑衅他人。但是要是我受了伤或陷入困境，那我就会展现出凶猛无比的一面。与其他牛不同的是，我们犀牛家族的角不是长在头顶，而是长在鼻子上方。印度犀和爪哇犀只有一个短小的角，而其他种类的犀牛都是拥有前后双角。

犀牛有哪些生活习性?

犀牛:我们是目前陆地上仅次于大象的大型动物,体长接近 5 米,体重可达 6 吨,身高一般不会超过 2 米,寿命大约 50 年。

我们母犀牛每 4 ~ 5 年繁殖一次,怀孕期长达 18 个月,并且每次只生一胎,小犀牛出生后会跟随妈妈生活 3 年左右才能开始独立生活。我们虽然体形笨重,但奔跑和行走速度很快,最快的能达到每小时 45 千米,所以成年犀牛除了人类没有其他敌人。

我们身上经常会停留一种神奇的鸟——牛椋(liáng)鸟,这种鸟会啄食我们皮肤褶(zhě)缝里的虱子等寄生虫,当有大型猎食动物靠近我们时,它们还会报警。

大约 3000 万年前,地球上曾经出现过最大的陆地哺乳动物——巨犀,其体长接近 10 米,身高达 5 米,但它不属于犀牛科,而是属于巨科犀。

白犀牛是白色的吗?

犀牛:不是。白犀牛也是灰色的,就像黑犀牛也不是黑色的一样。这是由于人类在翻译时出现错误造成的。

白犀牛和黑犀牛的主要区别是吃草方式。白犀牛上唇很宽,可以吃矮小的草;而黑犀牛的唇比较突出,能采集嫩枝,然后用前臼齿咬断。正因为这种差异,黑犀牛才可以和白犀牛和睦相处。

白犀牛有南白犀和北白犀两个亚种。其中,北白犀早在 20 世纪七八十年代就已经被捕杀灭绝,2008 年世界野生基金会宣布北方白犀牛在野外灭绝。

请保护它们!

犀牛角的药用价值并没有外界宣传的那么神奇,并非能治愈一切疾病,它的成分只是一种普通的角蛋白。为了保护数量日渐稀少的犀牛群体,野生动物保护组织选择割掉犀牛角来拯救它们的生命,使它们免遭偷猎者的毒手。

斑马

嗨，我是天生自带条纹码的斑马，生活在非洲大草原上。我们斑马身上的条纹码各不相同，就像人类的指纹一样，是独一无二的身份证明。我们是马科最漂亮的动物，可以分为三大种群：平原斑马、细纹斑马和山斑马。我们和人类一样喜欢群居，通常一个群体有10~12匹，并且用粪便来划分我们各自的领地。

动物小名片

哺乳纲—奇蹄目—马科

栖息地：非洲草原

食物：草、灌木、树枝、树叶

本领：条纹保护色，奔跑（时速60~80千米），视觉、听觉敏锐，抗疾病能力强

生存现状：无危

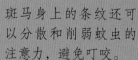

斑马身上的条纹还可以分散和削弱蚊虫的注意力，避免叮咬。

斑马身上的条纹有什么用处？

斑马：我们身上的条纹和人类的指纹一样，是一种独一无二的身份标志，世界上没有任何两匹斑马的条纹是一样的。所以，我们可以通过身上的条纹来识别彼此。

除了具有身份识别功能，我们身上的条纹还是一种保护色；晚上，可以使我们与夜色融为一体，避免被天敌发现。

白天，即使我们被狮子追捕，身上的条纹也可以帮助我们逃脱。因为

当我们逃跑时条纹会跟着身体跳动，产生有动感的波纹画面，使狮子的视线模糊，最后不得不放弃追逐。

斑马是马科动物，为什么没有被驯化？

斑马：因为我们不愿意变成人类的奴隶。历史上曾经有人类试图驯化我们，可最终以失败告终。失败的原因有以下几点。

① 我们虽然是群居动物，但是各自是独立的，群体中并没有群主或领导者来指挥大家行动。遇到危险时，通常是各自逃命。这就使得人类想大规模放牧和养殖我们变得非常困难。② 我们脾气暴躁，而且叫声刺耳难听。

如果人类骑上我们，就会被我们狠狠地摔下来，而且我们还会将他们咬伤甚至踢飞。③ 我们对人类始终保持警惕，从不轻易让人类接近我们。

真奇妙！

斑马喜欢和长颈鹿待在一起，这是因为长颈鹿身材高大，当猛兽还在很远的地方时，长颈鹿就能发现它们。斑马利用长颈鹿这个"瞭望台"，及早发现危险并及时逃跑。

鼹鼠

嗨，我是超级挖洞王鼹（yǎn）鼠，俗称"地爬子"。为了挖洞，我进行了超级进化，我的前脚宽大外翻，长着锐利的爪子，就像两只挖土的铁铲，我的头部扁平，嘴巴尖长，鼻子坚硬。因为长期生活在黑暗的地下，所以我的视力退化严重。虽然我的耳朵很小，但我的听觉非常敏锐，尾巴虽小，但是很有力量。我体长大约10厘米，和老鼠差不多大，这也是我的名字会带"鼠"字的原因，其实我不是老鼠类动物，而属于鼹科动物。

动物小名片

哺乳纲—真盲缺目—鼹科

栖息地：山间盆地、河谷、丘陵缓坡的常绿阔叶林、稀疏灌丛林

食物：各种昆虫的幼虫、蛹和成虫，蚯蚓、蜗牛、小青蛙等

本领：挖洞、嗅觉敏锐、牙齿锐利

生存现状：无危

鼹鼠的每个爪子表面都覆盖着上千个微小敏感的触觉感受器，在黑暗中可以帮助鼹鼠探寻食物。

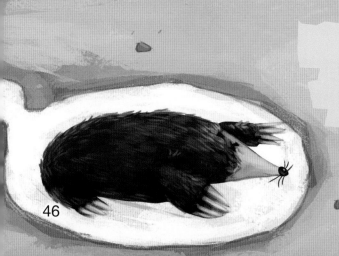

鼹鼠在地下是怎样生活的？

鼹鼠：我和大多数哺乳动物一样，有自己独特的生活方式。白天，我躲在洞穴里休息或挖洞，晚上出来觅食。别看我的体形小，我的胃口可不小，我可以吃下相当于我体重一半的食物。如果 12 个小时不吃东西，我就会感到精神不振，甚至会饿死。

我特别喜欢吃昆虫，尤其是它们的幼虫，吃起来又香又嫩；我也喜欢吃蚯蚓和蜗牛。我的洞穴四通八达，里面阴暗潮湿，因此很容易滋生蚯蚓和蜗牛，它们都是我的免费午餐。

晚上觅食如果遇到狐狸或其他肉食性动物，我会凭借灵敏的感觉系统，飞快地逃脱它们的追捕。如果被敌人逼得走投无路，我也会"凶相毕露"，用尖利的爪子进行反击。

星鼻鼹真的很丑吗？

鼹鼠：星鼻鼹是最丑的哺乳类动物之一。它的鼻子周围有 22 条肉质附器，环绕一圈，看起来像星星的光芒，所以被叫作"星鼻"。当它在自己的洞穴通道里穿梭时，鼻子常因快速颤动而让人看不清楚，再加上生着巨爪的前肢，更增添了它外表上的与众不同之处，让你会以为它是外星生物。

星鼻鼹的鼻子不是嗅觉器官，而是触觉器官。这使它可以非常灵敏地探测出周围区域有没有食物，并进行捕食。另外，星鼻鼹的鼻子还拥有类似人类视网膜和蝙蝠超声波定位系统般的作用。

你知道吗？

我国华南有一种缺齿鼹，叫作华南缺齿鼹，它是世界上最小的缺齿鼹，因为缺少下犬齿，所以被叫作缺齿鼹。华南缺齿鼹体长约 10 厘米，体重仅 40 克。它的嘴巴比其他鼹鼠类更尖长。眼睛、耳朵也比其他鼹鼠类退化得更厉害。

松鼠

我是超级可爱的小松鼠，之所以叫松鼠，是因为我喜欢吃松果之类的坚果和住在松树上。我的体长20~28厘米，体重只有300~400克。最引人注目的是我有一条毛茸茸的大尾巴，其长度可达15~24厘米。作为一只树栖动物，我喜欢在树洞里居住或者在树上搭窝。秋天来临时，除了把肚子吃得饱饱的，我还会储存坚果作为过冬的粮食。

动物小名片

哺乳纲—啮齿目—松鼠科
栖息地：寒温带和亚寒带针叶林区
食物：坚果等
本领：攀登、跳跃，嗅觉、听觉发达
生存现状：无危

赤腹松鼠喜欢群居，大多在树上活动，善于高攀、跳跃，觅食时经常从一棵树跳到另一棵树上，所以有"飞鼠"之称。

松鼠有哪些生活习性?

松鼠:我们喜欢生活在寒温带的针叶林及针阔叶混交林区,而且喜欢单独居住。我们会在树上搭窝或在树洞里居住。

白天,我们喜欢在树上攀登、跳跃,长长的蓬松的大尾巴像降落伞一样,起着平衡作用。跳跃时,我们用后肢支撑身体,尾巴伸直,一跃可达10多米远。黎明和傍晚是我们离开树顶,到地面觅食的时间。

我们主要以橡子、栗子、胡桃等坚果为食。秋天,我们会利用树洞或在地上挖洞,储存收集到的果实等食物,同时用泥土或落叶堵住洞口。

冬天,我们不冬眠,但在大雪天和特别寒冷的天气,我们会用干草把洞封起来,抱着毛茸茸的大尾巴取暖,有时好几天都不出洞,一直等到天气暖和了才出来觅食。

赤腹松鼠有什么特征?

松鼠:它们比一般的松鼠要小,毛色和老鼠几乎相同,只有腹部有棕红色的绒毛。赤腹松鼠主要生活在热带和亚热带森林中,在其他灌木林、竹林、乔木和竹林混交林中也能生活。

赤腹松鼠比较胆大,在城市公园或农村居民区附近也能生活,生活在农村的赤腹松鼠还会入室偷窃食物呢!

长知识了!

在我国东北和新疆的泰加林地区生活的主要是欧亚红松鼠,在华北等地的阔叶林和针阔叶混交林中生活的主要是岩松鼠。岩松鼠比欧亚红松鼠小,耳朵上没有长毛簇,毛色偏灰黄,更喜欢下到地面活动,尤其在多岩地带,因此得名。

袋鼠

我是超级能跳的袋鼠，主要生活在澳大利亚。我的身高 1.3~1.5米，体重约50千克。我的前肢非常短小，后肢强健有力，善于跳跃，一跳就可达13米远。

我们袋鼠妈妈的下腹部有一个前开的育儿袋，我们的名字就是这么来的，育儿袋里有4个乳头，小袋鼠就在育儿袋里被抚养长大。因为刚出生的袋鼠宝宝只有花生米那么大，发育还不完全，所以必须在育儿袋里生活将近一年。

动物小名片

哺乳纲—双门齿目—袋鼠科

栖息地：大洋洲的森林和草原

食物：灌木嫩枝叶、青草和柔软植物

本领：跳跃、奔跑、游泳、拳打脚踢、尾扫

生存现状：无危

袋鼠是攻击力很强的动物吗？

袋鼠：是的。在澳大利亚草原和森林中，我们几乎没有对手。我们的身体结构很特别，小腿比大腿更长，后腿强健有力，这使我们非常善于跳跃，最高可跳4米，最远可跳13米，因此我们是世界上跳得最高最远的哺乳动物。

除了后腿，我们的前肢也非常有力，而且还有锋利的爪子，在和敌人战斗时，我们可以用前肢抓住它们，然后用锋利的爪子和后腿进行攻击。

我们的尾巴也有助于攻击，它又粗又长，长满肌肉，不仅可以用来支撑下肢，使我们的身体更加平衡，还可以将其作为身体的支点，让我们利用后肢进行更猛烈的进攻。

袋鼠的小腿和大腿的长度比是1.7∶1，而人类只有0.8∶1，所以袋鼠比人类跳得更高、更远。

小袋鼠为什么要跟着袋鼠妈妈生活好几年？

袋鼠：小袋鼠刚出生时非常微小，就像花生米那么大，而且眼睛看不见，也没有毛发，生下来以后必须存放在袋鼠妈妈的育儿袋里。直到六七个月后才开始短时间地离开育儿袋学习生活。

一年后小袋鼠才能断奶，离开育儿袋，但仍在袋鼠妈妈的身边活动，随时需要妈妈的帮助和保护。

大概要三四年，袋鼠才能发育成熟，成为一只身高1.5米、体重100多千克的大袋鼠。

真奇妙！

袋鼠妈妈有两个子宫，右边子宫里的小宝宝刚出生，左边子宫里又怀了小宝宝。直到小袋鼠长大，这个胚胎才开始发育。等到40天左右，再用相同的方式降生。这样左右子宫轮流怀孕，如果外界条件适宜，袋鼠妈妈就会一直繁殖下去。

树袋熊

嗨，我叫考拉，也被叫作无尾熊，是澳大利亚特有的珍稀动物。我的性情温顺、模样憨厚，毛色灰白，还有一对毛茸茸的大耳朵。我的尾巴在漫长的岁月中

退化成了"座垫"，这让我可以舒服地坐在树上。我几乎从来不下地喝水，只吃桉树叶子，绝大部分时间都宅在树上。

动物小名片

哺乳纲—双门齿目—树袋熊科

栖息地：澳大利亚东部沿海岛屿和高大的桉树林

食物：桉树叶和嫩枝

本领：记忆力强，能识别桉树叶的毒性

独特本领：排出方形的粪便

生存现状：易危

树袋熊有什么特征和习性?

树袋熊:我是澳大利亚的国宝,也是澳大利亚奇特珍贵的原始树栖动物。我们成年树袋熊体长 70 ~ 80 厘米,体重 10 千克左右,我们有着灰白的毛色,圆秃秃的鼻子,圆滚滚的脑袋,毛茸茸的大耳朵。

别看我很憨厚可爱,其实我的前肢长着坚硬锋利的爪子,可以快速地爬树。我们的树袋熊妈妈腹部有一个育儿袋,里面还有两个奶头可供小宝宝吮吸。

我们大部分时间都宅在树上,几乎终生不离开桉树。白天我们几乎都用来睡觉,只有不到 10% 的时间用来觅食,而其他时间则静坐思考。还有一点,我们几乎从不下地喝水,因为桉树叶里的水分足够我们身体所需。

树袋熊为什么爱睡觉?

树袋熊:因为我是夜行性动物,在夜间和晨昏时活动最为频繁,这比在白天气温较高时活动更节省水分与能量消耗。

白天我们会将身子蜷作一团来睡觉,直到晚上才会外出活动觅食。而且,我们吃的桉树叶含有毒素,因此需要更长的睡眠时间来分解这些毒素。

树袋熊并不是绝对"不喝水",在干旱季节,它也会下到地面去喝水。

没想到吧!

树袋熊虽然名字里有"熊"字,但它并不是熊科动物,而是属于双门齿目、树袋熊科动物。熊科动物是食肉的,而树袋熊却是吃植物的。

树懒

　　我是世界上最懒的动物，我可以几个小时挂在树枝上一动不动，所以被人们叫作树懒。我的体重4~7千克，只喜欢吃树叶、嫩芽和果实，是最典型的佛系动物。

　　我在地上移动得很慢，虽然有脚却不能走路，只能靠前肢一点一点往前爬行，就算逃命，我一秒钟也移动不到0.2米。我的保命武器是保护色、密实的皮毛和锋利的爪子。还有一点，我的肉很难吃，因此很多猛兽都不愿意吃我。

动物小名片

哺乳纲—披毛目—树懒科
栖息地：南美洲热带雨林
食物：树叶、嫩芽、果实
本领：游泳
生存现状：极危

树懒为什么这么懒?

树懒:我这么懒是因为我长期待在树上,身体已经退化了。我的脚在地上不能走路,我只能待在树上。可是树上的食物很少,我为了活下去,我只能吃树叶、嫩芽和果实,而且为了减少排泄,我的消化也非常慢,吃一点儿树叶就要消化几个小时。

我在树上除了吃就是睡,因为没有事做,而且不睡觉会消耗更多能量,还不如睡觉呢!就这样,我变得越来越懒,什么事都不想做,甚至懒得吃、懒得玩。我甚至可以一个月不吃饭。

树懒有一个奇怪的习惯——必须到树下排便,这会给它们带来生命危险。据说有50%的树懒都是因为下树排便时,被天敌发现而被吞吃的。

树懒懒得身上都长毛了,是真的吗?

树懒:不是长毛,是长草。因为我经常待在树上一动不动,而且树叶稠密,不见阳光,热带雨林里面的空气又潮湿,所以身上就慢慢长起了青苔。我的毛发是青苔最好的土壤,青苔也可以给我提供保护色,避免被天敌发现。

我的身上不仅有青苔,还有蛾子。因为我和蛾子之间有着共生关系,蛾子生活在我的身上,可以为我身上的青苔施肥,我也可以为蛾子提供产卵的地方。我们相互帮助,和谐共处。

真奇妙!

树懒妈妈每胎只产一个宝宝,宝宝两个月大就能自己吃树叶了。1岁之前,小树懒一直待在妈妈的身边,当它顽皮地爬在妈妈背上时,就像一个逗人喜爱的毛绒娃娃,这样既安全又暖和,时刻都在妈妈的保护下,还能随时摘到可口的树叶吃。

大象

大家一定对我不陌生，我是陆地上最大的动物，也是最长寿的动物之一，能活到70多岁。

我们身高2~4米，体重3~5吨，非洲象更大更重，体重可达8吨。我们的象鼻子既有力量又灵活，能轻松地卷起整根木头，还能捡起地上的小草棍。我们不仅体形庞大，智商也很高，我们的智商相当于6~8岁的儿童。我们拥有超强的记忆力，能记住象群的每一张面孔长达几十年，还能精准地记住水源和食物的位置。

动物小名片

哺乳纲—长鼻目—象科

栖息地：非洲和亚洲的草原、森林、沼泽、沙漠

食物：树叶、树枝、果实、树皮、草

本领：力气大、记忆力超强、鼻子超级灵活、能通过脚掌感知次声波

保护现状：国家一级保护动物

大象有什么样的生活习性？

大象：我们是食草动物，主要吃树叶、树枝、果实、树皮、草、草根等。由于体形庞大，消化能力强，每天需要吃掉大量食物，一只成年象一天要消耗 150 千克食物，而且进食时间特别长，每天大约要花 16 个小时进食，进食时间主要在早上、下午和晚上。所以，我们大象是最典型的吃货。

我们对水非常依赖，每天喝大约 150 升水，除饮用外，还需要泡澡降温。为了寻找食物、水源及矿物质，我们可能需要走十几千米，甚至几十千米的路。

我们是群居动物，成员主要是成年雌象及我们的后代，不包括成年雄象，并由年龄最大的雌象领导我们。我们的家族群最小的由一头雌象与一头幼象组成，而大家族可达 45 头以上，甚至扩展到四代同堂。

> 大象之间感情深厚，一旦有同伴死去，它们会用象鼻衔起树枝、花草盖在死去的同伴身上，然后垂头奋耳，流泪悲鸣。

大象非常聪明吗？

大象：我们肯定没有人类那么聪明，我们的智商只相当于 6～8 岁的儿童，不过我们跟人一样，有自我意识。我们不仅感情丰富，还极具同理心，会对其他动物的悲惨遭遇表示同情，因此常常会锄强扶弱，充当"正义使者"。我们的记忆力很强，能记住象群每一个成员的面孔，几十年都不会忘，我们还能准确地记住水源和食物的位置，很多动物都喜欢跟着我们象群去寻找水源。

此外，我们还会使用工具，可以用树枝等驱蚊、修脚、挠痒痒。

超厉害！

大象的鼻子非常神奇，它的鼻孔末端有手指状的突起（亚洲象有一个突起，非洲象有两个），可以像人类的手指一样捡东西。

穿山甲

　　我是洞穴居士穿山甲，喜欢在山里挖洞。我的身上披着厚厚的鳞甲，因为在山里挖洞很厉害，所以叫穿山甲。我们的体长为50～100厘米，但体重只有1.5～3千克。我们穿山甲家族非常古老，已经在地球上存在4000万年了。对了，我是国家一级保护动物，你们可千万不能伤害我！

动物小名片

哺乳纲—鳞甲目—穿山甲科

栖息地：亚洲、非洲山麓地带的草丛或灌木丛

食物：蚂蚁和白蚁

本领：挖洞、游泳，舌头细长善于伸缩，听觉、嗅觉敏锐

保护现状：国家一级保护动物

穿山甲有什么生活习性?

穿山甲:我们喜欢在山麓地带的草丛中或丘陵杂灌丛较潮湿的地方挖洞而居,昼伏夜出。

我们的洞穴有两种:一种是夏洞,建在通风凉爽、地势高的山坡上,以免灌进雨水,洞内隧道较短,大约有30厘米长。另一种是冬洞,建在背风向阳、地势低的地方,地形结构复杂,隧道弯弯曲曲,形似葫芦,冬洞里面铺垫着细软的杂草,是我们过冬的地方。

我们的食物主要是白蚁和蚂蚁,另外也会吃一些蜜蜂、胡蜂和其他昆虫的幼虫。我们的饭量很大,一顿可以吃500多克白蚁。白蚁啃食树木,

对森林危害很大,而我们正好是白蚁的天敌。

穿山甲的鳞甲能防御天敌吗?

穿山甲:当然能。我们这身鳞甲连狮子、老虎都咬不动,遇到狮子、老虎要吃我们时,我们就缩成一团,让它们无从下嘴。

如果它们非要咬我们,我们就会打开鳞片,用锋利的鳞片边缘切割敌人的嘴巴,让它们知难而退。

穿山甲的舌头非常长,舌根不是长在喉咙里,而是长在肚子里,并且可以在胃里盘成圈。当它们舔食蚂蚁时,盘叠的舌头会迅速弹出嘴巴,比平时收拢时长了1倍。

小秘密!

穿山甲的耳朵和鼻孔里都有隔膜,当钻入蚂蚁窝时,它能关闭耳朵和鼻孔以免蚂蚁入侵,只伸出长舌头去舔食蚂蚁。

蝙蝠

我是喜欢倒挂着睡觉的蝙蝠，你们可别把我当成鸟儿了，我可是货真价实的哺乳动物。我能飞是因为我的四肢和尾巴之间长着一层薄薄的翼膜，就像鸟儿的翅膀一样，能帮助我飞翔。我们蝙蝠有大有小，最小的混合蝠只有1.9克重，两翼展开仅16厘米长，而最大的狐蝠，体重可达1.3千克，两翼展开长达1.7米。我们蝙蝠的视力很弱，夜里飞行、捕食全靠回声定位。

动物小名片

哺乳纲—翼手目—（不同蝙蝠属于不同科，此处不详写）
栖息地：洞穴、废矿井、树洞、房檐下、旧式教堂的阁楼和钟楼
食物：昆虫、果实、花蜜、花粉等
本领：飞行、回声定位、冬眠、百毒不侵
生存现状：有200多种蝙蝠处于极危、濒危、易危状态

蝙蝠的回声定位是怎么回事？

蝙蝠：回声定位是指某些动物通过口腔或鼻腔把从喉部产生的超声波发射出去，利用折回的声音来定向，这种空间定向的方法，叫作回声定位。回声定位不仅我们蝙蝠会，海豚、猪尾鼠等也会。

我们蝙蝠叫声的频率通常在 20～60 千赫，这是一种超声波脉冲，人类听不到，但我们蝙蝠能够听到。当遇到食物或障碍物时，脉冲波会反射回来，我们用两耳接受物体的反射波来确定物体的位置。

我们在空中飞行就利用这种超声波来导航，能够迅速准确地捕捉猎物。

蝙蝠通过两耳接收到的回波之间频率的差别来辨别物体的远近、形状和性质，通过回波的波长来区别物体的大小。

雷达是根据蝙蝠的回声定位发明的吗？

蝙蝠：其实并不是。虽然雷达原理上和我们的回声定位类似，但我们蝙蝠发出的超声波是机械波，而雷达产生的是电磁波，两者在本质上不同。

世界上第一台雷达是 1935 年发明的，此后雷达很快就在人类战争（第二次世界大战）中得到广泛应用。但直到 1944 年，人类才发现我们蝙蝠具有超声波和回声定位的特性，这个人就是美国动物学家唐纳德·雷德菲尔德·格里芬。

因此，说人类根据我们蝙蝠的回声定位原理发明了雷达是个美丽的误会。

要注意！

蝙蝠由于体内携带数十种病毒，加上活动能力强、寿命长、分布广等特点，被人类称为"飞行的病毒库"。实际上，蝙蝠捕杀蚊子、蝗虫，传播花粉，是一种对人类非常有益的动物，因此我们不应该伤害它们。

刺猬

　　我是性情温顺、人畜无害的小刺猬，又被称为"偷瓜獾"。我体肥短矮、爪子锐利、小小的眼睛、短短的毛毛，浑身都是刺。遇到敌人袭击时，我就缩成一团，变成小刺球，让袭击者无从下嘴。我一到秋末就会冬眠，一直睡到来年春天才会苏醒。另外，我还会打呼噜呢，没想到吧？

动物小名片

哺乳纲—猬形目—猬科

栖息地：亚洲、欧洲、非洲的森林、草原、荒漠地带

食物：蚂蚁、白蚁、昆虫、蠕虫

本领：善于防御、游泳、触觉和嗅觉发达

现状：濒危

刺猬有哪些生活习性？

刺猬：我们是夜行性动物，喜欢昼伏夜出。白天我们躲在自己挖的洞里，黄昏才出来活动。我们的食物主要是昆虫和蠕虫，一晚上可以吃200多克，我们吃的几乎都是害虫，对农业很有帮助，但我们不需要人类感谢，做好事不留名是我们的风格。

我们非常胆小，怕光怕热，也不喜欢热闹。一到秋末，我们就躲进落叶堆里冬眠，这时我们的体温会降到6℃，呼吸每分钟只有1～10次，有时候甚至几分钟才呼吸一次，这有利于我们降低体内能量的消耗。

普通刺猬属于国家三级保护动物，而黑龙江刺猬属于国家二级保护动物。

刺猬身上的刺是天生就有的吗？

刺猬：我们身上的刺并不是天生就有的。刺猬宝宝刚出生时，皮肤粉粉嫩嫩的，背上覆盖着像鳞片一样的角质附属物，看上去很像蛇皮或穿山甲。这时候的小刺猬又软又萌，完全不扎手。

随着小刺猬的成长，这些鳞片状附属物会逐渐变长、变硬，最终长成一根根坚硬的刺，这时候刺猬就可以勇敢地去闯世界了。

小知识！

刺猬是怎样防御天敌的？

刺猬的天敌主要是貂、猫头鹰、狐狸等食肉动物。当它们发现某些有气味的植物时，会将它们嚼烂，然后吐到自己的刺上，使自己与当地的环境融为一体，防止被天敌发现。另外，它们还会利用刺上沾染的某些有毒植物的汁液来抵抗天敌的攻击。

图书在版编目（CIP）数据

神奇动物 / 梦学堂编 . -- 北京：北京日报出版社，2024.6

（带着科学去旅行：中国少年儿童百科全书）

ISBN 978-7-5477-4763-6

Ⅰ . ①神… Ⅱ . ①梦… Ⅲ . ①动物—儿童读物 Ⅳ . ① Q95-49

中国国家版本馆 CIP 数据核字（2023）第 254811 号

带着科学去旅行：中国少年儿童百科全书

神奇动物

责任编辑： 辛岐波

出版发行： 北京日报出版社

地　　址： 北京市东城区东单三条 8-16 号东方广场东配楼四层

邮　　编： 100005

电　　话： 发行部：（010）65255876

　　　　　　总编室：（010）65252135

印　　刷： 新生时代（天津）印务有限公司

经　　销： 各地新华书店

版　　次： 2024 年 6 月第 1 版

　　　　　　2024 年 6 月第 1 次印刷

开　　本： 710 毫米 ×1000 毫米　1/16

总 印 张： 40

总 字 数： 588 千字

定　　价： 248.00 元（全 10 册）